BEI GRIN MACHT SICH IHR WISSEN BEZAHLT

- Wir veröffentlichen Ihre Hausarbeit,
  Bachelor- und Masterarbeit

- Ihr eigenes eBook und Buch -
  weltweit in allen wichtigen Shops

- Verdienen Sie an jedem Verkauf

Jetzt bei www.GRIN.com hochladen
und kostenlos publizieren

Bibliografische Information der Deutschen Nationalbibliothek:

Die Deutsche Bibliothek verzeichnet diese Publikation in der Deutschen National-bibliografie; detaillierte bibliografische Daten sind im Internet über http://dnb.d-nb.de/ abrufbar.

Impressum:

Copyright © 2019 GRIN Verlag
Druck und Bindung: Books on Demand GmbH, Norderstedt Germany
ISBN: 9783668898943

Dieses Buch bei GRIN:

https://www.grin.com/document/458228

Felix Busch

RSA-Algorithmus. Thematische und mathematische Grundlagen und Schlüsselerzeugung

GRIN Verlag

GRIN - Your knowledge has value

Der GRIN Verlag publiziert seit 1998 wissenschaftliche Arbeiten von Studenten, Hochschullehrern und anderen Akademikern als eBook und gedrucktes Buch. Die Verlagswebsite www.grin.com ist die ideale Plattform zur Veröffentlichung von Hausarbeiten, Abschlussarbeiten, wissenschaftlichen Aufsätzen, Dissertationen und Fachbüchern.

Besuchen Sie uns im Internet:

http://www.grin.com/

http://www.facebook.com/grincom

http://www.twitter.com/grin_com

Friedrich-Schiller-Universität Jena · WiSe 2018/19

Institut für Mathematik und Informatik

(Pro-) Seminar 1- Kryptologie für Lehrämter

Grundlagen des RSA-Algorithmus und seine Anwendung

Hausarbeit

vorgelegt von:

Felix Busch

Geographie/Mathematik (LAG)

Abgabedatum: 07.02.2019

Inhalt

I Abbildungen

1. Einleitung

1977 nahmen Ronald Rivest, Adi Shamir und Leonard Adleman die Herausforderung an und entwickelten ein Public-Key-Kryptosystem, welches alle Erwartungen erfüllen sollte. Der Name dieses Verschlüsselungssystems setzt sich aus teilen der Nachnamen der Erfinder zusammen und wird als RSA-Algorithmus bezeichnet. In dieser Hausarbeit soll auf die Grundlagen, die Idee und spezielle Berechnungen eingegangen werden, um das RSA-Verfahren vollkommen zu verstehen. Es handelt sich hierbei um ein sogenanntes asymmetrisches Verschlüsselungsverfahren, welches 1976 von Whitefield Diffle und Martin Hellmann in ihrer Arbeit „New Directions in Carthography" vorgeschlagen wurde, um Probleme bisheriger symmetrischer Verschlüsselungsverfahren zu lösen (BEUTELSPACHER 2009[9]: 93). Diese Probleme waren, dass beim Chiffriersystem (Verschlüsselungssystem) jeder, der verschlüsseln kann, auch entschlüsseln kann und je zwei Partner einen gemeinsamen geheimen Schlüssel, über teils unsichere Wege, austauschen müssen. In asymmetrischen Verfahren versuchte man sich von der zuerst genannten Eigenschaft soweit wie möglich zu entfernen, um zu garantieren, dass der Schlüsselaustausch von geheimen Schlüsseln nicht mehr stattfinden muss (ebd.)

Das, von den in der Einleitung genannten Wissenschaftlern, erfundenen Programm war eine große Herausforderung. Es dauerte mehrere Monate ehe man sicherstellen konnte das der vorhandene Algorithmus wirklich sicher ist. Rivest machte immerzu neue Vorschläge, wie man anders Ver- und Entschlüsseln könnte und Adlemann griff diese neuen Ideen an, während Shamir beide mit seinen Ideen unterstützte. Schließlich gelang es den drei Forschern im Mai 1977 zur Erkenntnis zu gelangen, wie man mit einfachen zahlentheoretischen Grundlagen das vorhandene Problem löste und endlich ein Public-Key-Kryptosystem entwickelte, welches wirklich sicher war. Hierfür benötigten sie ein bisschen Mathematik, unter anderem den Satz von Euler, die Modulo-Rechnung, das lösen einer linearen diophantischen Gleichung und den erweiterten euklidischen Algorithmus. Nun sollen diese mathematischen Grundlagen, sowie die Idee solcher asymmetrischen Verschlüsselungsverfahren zunächst genauer beleuchtet werden, ehe man sich speziell dem Chiffriersystem des RSA-Algorithmus zuwenden kann (ebd.).

2. Idee von Public-Key-Kryptosystemen

Im Folgenden sollen alle Instanzen und Eigenschaften von Public-Key-Kryptosystemen erläutert werden, wodurch man erst die Notwendigkeit eines solchen Verfahrens versteht.

2.1 Eigenschaften der Public-Key-Verschlüsselung

Sei T_i i={1, ... ,n} die Anzahl der Teilnehmer an einer Konversation. Jeder Teilnehmer T_i hat einen öffentlichen Schlüssel E= E_{T_i} i={1, ... ,n} und einen privaten Schlüssel D=D_{T_i} i={1,...,n}. Wie die Namen schon sagen, ist der öffentliche Schlüssel für alle Teilnehmer frei zugänglich, während der private Schlüssel geheim ist. Man kann sich hierbei vorstellen, dass jeder Mensch den öffentlichen Schlüssel, des jeweiligen Kommunikationspartners, in einer Art Telefonbuch ablesen kann. Die Bezeichnungen kommen von den Begriffen Encryption und Decryption, welche Ver- bzw. Entschlüsseln bedeuten und aus dem griechischen stammen. Sei nun m die Nachricht, die der Absender schreibt und welche noch im Klartext, also unverschlüsselt, vorzufinden ist. Man bezeichne c als verschlüsselte Nachricht und schreibt somit auch c=E(m) (BEUTELSPACHER 2009[9]: 94). Die entscheidende Eigenschaft eines asymmetrischen oder Public-Key-Kryptosystems wird hier deutlich, denn mit dem öffentlichen Schlüssel kann der private Schlüssel nicht erzeugt werden. Diese Eigenschaft ist essentiell, um ein Kryptosystem als asymmetrisch betiteln zu dürfen (BUNDESAMT FÜR SICHERHEIT IN DER INFORMATIONSTECHNIK 2019: o.S.). Somit können wir folgende Definition festhalten: „Ein asymmetrisches Kryptosystem heißt Public-Key-Verschlüsselungssystem oder asymmetrisches Verschlüsselungsverfahren, falls für jede Nachricht m gilt: Wenn c = E(m) ist, dann gilt D(c) = m" (BEUTELSPACHER 2009[9]: 94). Das bedeutet also, dass D die Wirkung von E rückgängig macht und somit D(E(m)) = m ist. Im folgenden Beispiel sollen die vorausgegangenen Definitionen verständlich gemacht werden:

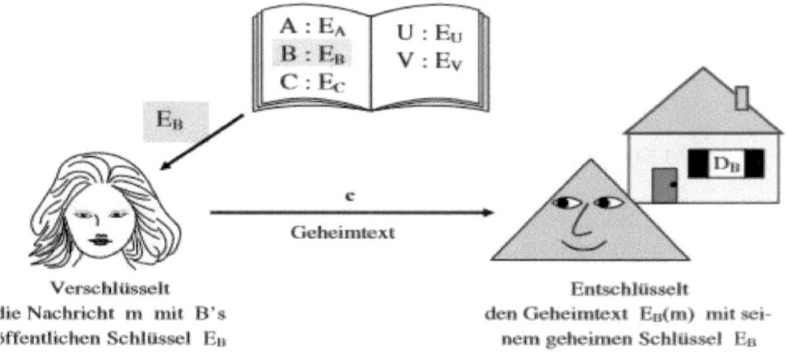

Abbildung 1: Asymmetrisches Verschlüsselungsverfahren (BEUTELSPACHER 2009[9]: 95)

Die junge Dame, welche wir im ab sofort Anna nennen möchte eine Nachricht an Bernd schicken. Hierfür sucht sie aus einer Art Telefonbuch den öffentlichen Schlüssel E_B von Bernd und wendet diese Chiffrierfunktion auf ihre geschrieben Nachricht m an. Somit erhält sie den Geheimtext c und kann diesen nun Bernd übermitteln. Dieser wendet seinen privaten bzw. geheimen Schlüssel D_B auf die verschlüsselte Nachricht c an und erhält somit wieder die, von Anna geschriebene Nachricht m. Niemand anderes kann somit die verschickte Nachricht entschlüsseln und damit lesen, da man nach Voraussetzung von E_B nicht auf D_B schließen kann (ebd.). es ergibt sich zusammenfassend folgender Algorithmus:

> *Chiffrieren:* Um eine Nachricht zu verschlüsseln, wendet man den öffentlichen Schlüssel des Empfängers auf die Nachricht an.
> *Dechiffrieren:* Um eine für den Empfänger B chiffrierte Nachricht c zu dechiffrieren, wendet B auf c seinen privaten Schlüssel an.

Abbildung 2: Algorithmus 2.1 – Public-Key-Kryptosystem (BEUTELSPACHER 2009[9]: 96)

Es wurden hierbei also nur Schlüssel vom Empfänger der Nachricht, in dem Fall Bernd, verwendet und es ist kein Schlüsselaustausch notwendig, da Anna nur den öffentlichen Schlüssel von Bernd benötigt und keinen eigenen. Ein entscheidender Vorteil im vergleich zu symmetrischen Verschlüsselungsverfahren. Des Weiteren werden hier deutlich weniger Schlüssel verwendet: Beispielsweise müssten bei 1001 Teilnehmern 2002 Schlüssel vorhanden sein, während bei symmetrischen Verfahren $1/2n(n-1) = 500.500$ Schlüssel benötigt werden. Ein weiterer positiver Effekt ist, dass neue Teilnehmer problemlos hinzugefügt werden können, was bisher nicht der Fall war (ebd.). Jedoch haben

Public-Key-Kryptosysteme auch Nachteile, der größte ist wohl, dass bisher kein Kryptoverfahren bekannt ist, welches sowohl sicher, als auch schnell ist. Das bedeutendste ist der RSA-Algorithmus, weshalb werden wir später sehen. Außerdem benötigt man ein gewisses Schlüsselmanagement, wie man am folgenden Beispiel gut erkennen kann:

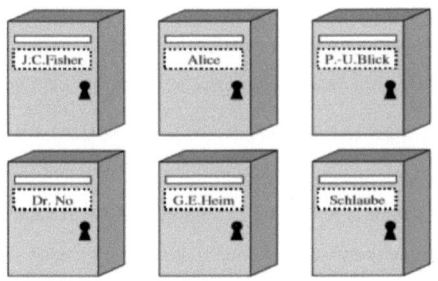

Abbildung 3: Briefkästen (BEUTELSPACHER 2009[9]: 96)

Wenn man sich vorstellt, dass verschiedene Absender in die Briefkästen, der jeweiligen Kommunikationspartner, Briefe wirft, dann wendet er beim rein werfen den öffentlichen Schlüssel des Empfängers an. Nur dieser kann mit dem Briefkastenschlüssel (geheimen Schlüssel) die Post herausholen und somit lesen. Was ist aber, wenn jemand auf einen Briefkasten einen anderen Namen klebt? Also beispielsweise der Name J.C. Fisher sich plötzlich auf dem Briefkasten von Dr. No befindet? Dann kann Dr. No alle Briefe lesen, die für J.C. Fisher bestimmt sind, ohne seinen geheimen Schlüssel zu kennen, da schon der falsche öffentliche Schlüssel verwendet wurde. Damit dies in der Praxis nicht geschieht gibt es sogenannte Zertifikate. Um sowas sinnvoll zu machen gibt es eine dritte Instanz, die überprüft, ob öffentlicher Schlüssel und Name des Empfängers zusammenpassen. Diese vertrauliche Partei wird Trustcenter oder Certification Authority (CA) genannt. Nachdem sichergestellt ist, dass Name und öffentlicher Schlüssel zusammen gehören signiert das Trustcenter mit seinem privaten Schlüssel das Paar. Diese Gesamtheit von öffentlichem Schlüssel, Name vom Empfänger und Signatur des Trustcenters bezeichnet man dann als Zertifikat (BEUTELSPACHER 2009[9]: 123f). Nun stellt sich die Frage was genau solch eine elektronische Signatur eigentlich ist und ob sie nur vom Trustcenter eingesetzt wird oder allgemein von Bedeutung ist.

2.2 Die elektronische Signatur

Jeder Mensch hat seine eigene, ganz persönliche Unterschrift und so ist es auch bei der elektronischen Signatur. Im Idealfall sollte jede Unterschrift folgende Eigenschaften haben:

    i.   Nur die jeweilige Peron kann die Unterschrift produzieren

    ii.   Jeder andere kann verifizieren, dass die Unterschrift von der Person X stammt

Somit benötigt jede Person ihr ganz spezielles Geheimnis, damit kein anderer diese Unterschrift (re-)produzieren kann. Genau dieses Geheimnis ist bei Verschlüsselungsverfahren der schon angesprochene geheime Schlüssel D. Wenn Anna also seine Nachricht m signieren will, so geht sie folgendermaßen vor: Sie wendet zunächst ihren privaten Schlüssel D auf die Nachricht m an und veröffentlicht diese signierte Nachricht sig = $D_A(m)$. Jeder andere Teilnehmer, in unserem Beispiel Bernd, wendet den öffentlichen Schlüssel E_A von Anna auf die signierte Nachricht an und erhält wiederum m. Beim RSA-Verfahren überprüft man, ob $E_A(sig) = E_A(D_A(m)) = m$ gilt. Um dies durchzuführen wird entweder die Nachricht m veröffentlicht und so verglichen ob es stimmt oder, was meist der Fall ist, wird die Nachricht m nicht veröffentlicht, sondern man schaut nach, ob die der Nachrichtenrückgewinnung ein sinnvoller Text herauskommt. Dies hat natürlich als grundlegende Voraussetzung, dass m nicht eine sinnlose Aneinanderreihung von zufällig gewählten Zeichen ist, sondern wirklich eine sinnvolle Zeichenabfolge. Dies wird als Beweis akzeptiert, sodass keine Unsicherheiten bleiben. Hierbei ist es wichtig zu sehen, dass wieder kein Schlüsselaustausch stattfindet, sondern nur die Schlüssel des Senders verwendet werden (BEUTELSPACHER 2009[9]: 98ff). Es gibt jedoch einen Unterschied zwischen der elektronischen Signatur und einer normalen Unterschrift. Während die digitale Signatur nicht vom Text trennbar ist, kann eine normale Unterschrift unabhängig verwendet werden und der elektronischen Signatur sogar noch hinzugefügt werden. Außerdem bleibt die digitale Signatur immer gleich, da die Schlüssel sonst nicht mehr zueinander passen würden, während sich die normale Unterschrift im Laufe des Lebens häufiger im Detail verändert (ebd.).

Nachdem wir nun die Theorie beleuchtet haben bleibt nur noch die Frage wie so ein Public-Key-Kryptosystem in der Realität umgesetzt werden kann. Dafür müssen wir zunächst alle zahlentheoretischen Grundlagen betrachten, ehe wir dazu kommen selbst zu Ver- und Entschlüsseln.

3. Zahlentheoretische Grundlagen von Public-Key-Kryptosystemen

3.1 Modulo Rechnung

Die Modulo Rechnung bildet die Grundlage für fast alle Public-Key-Kryptosysteme. Hierbei geht es darum, dass wir eine ganze Zahl mit ihrem Rest identifizieren wollen, der bei Division, durch eine andere ganze Zahl, entsteht. D.h. wir teilen eine ganze Zahl n_1 durch eine andere n_2 und nehmen als Lösung nicht die ganze Zahl n_3, sondern den Rest r, der dabei herauskommt. Man schreibt: $n_1 \bmod(n_2) = n_3$ Rest r. Ein Beispiel für eine Aufgabe der Modulo- Rechnung wäre die Aufgabe 17:5. Jeder weiß, dass 17 geteilt durch 5 keine ganzzahlige Lösung hat. Wenn wir nun 17 mod (5) rechen schauen wir zunächst, „wie oft die 5 in die 17 reinpasst". 5+5+5= 15, nochmal 5 addiert würde mehr als 17 ergeben. Die fünf passt also dreimal in die 17. Und von der 15 zur 17 fehlen 2, was dem Rest r entspricht. Somit ist 17 mod(5) = 2. Weitere Regeln zur Modulo Rechnung sind:

    i.   (5+7) mod (3) = 12 mod (3) = 0 (gilt für Addition und Subtraktion)

    ii.   (5*8) mod (3) = 40 mod (3) = 1 (gilt für Multiplikation und Division)

    iii. 2^5 mod (3) = 32 mod (3) = 2 (Potenzieren)

    iv.   2 mod (3) = 2 (wenn Zahl n_1, die geteilt wird, kleiner ist, als Zahl, die Modulo teilt (n_2), dann kommt n_1 als Lösung heraus)

    v.   11 mod (-3) = -1 („man geht bis 12 und ist 1 zu weit gegangen")

    vi.   -5 mod (3) = 1 („man geht bis -6 und ist 1 zu weit gegangen")

Diese Regeln, vor Allem i bis iv, sind für die weitere Betrachtung und zunächst für das Verständnis über den Satz von Euler und dessen Folgerungen von enormer Bedeutung (VÖCKING 2008: 234ff).

3.2 Satz von Euler und dessen Folgerungen

3.2.1 Die Eulersche- Phi (φ)- Funktion

Der RSA Algorithmus ist eine direkte Anwendung des Satzes von Euler, dessen Folgerungen und demzufolge auch von der Euler'schen φ- Funktion. Zunächst müssen wir also definieren was diese φ-Funktion ist und welche Eigenschaften sie besitzt, um den Satz von Euler zu verstehen. Für eine natürliche Zahl n definieren wir φ(n) als die Anzahl der zu n teilerfremden natürlichen Zahlen $k \leq n$ und nennt φ die Euler'sche Phi-Funktion. Wir suchen also alle natürlichen Zahlen $k \leq n$, deren größter gemeinsamer Teiler mit $n \in \mathbb{N}$ gleich 1 ist. Veranschaulichen wir das mit einer Tabelle und allen Werten der φ-Funktion von 0 bis 99 (BEUTELSPACHER 2009[9]: 102f).

$\varphi(n)$	+0	+1	+2	+3	+4	+5	+6	+7	+8	+9
0+		1	1	2	2	4	2	6	4	6
10+	4	10	4	12	6	8	8	16	6	18
20+	8	12	10	22	8	20	12	18	12	28
30+	8	30	16	20	16	24	12	36	18	24
40+	16	40	12	42	20	24	22	46	16	42
50+	20	32	24	52	18	40	24	36	28	58
60+	16	60	30	36	32	48	20	66	32	44
70+	24	70	24	72	36	40	36	60	24	78
80+	32	54	40	82	24	64	42	56	40	88
90+	24	72	44	60	46	72	32	96	42	60

Abbildung 4: Werte von 0 bis 99 der φ-Funktion (WIKIPEDIA 2019: o.S.)

Schauen wir uns zwei explizite Beispiele an: Wir nehmen die Zahl n = 6 und m =13. Möchte man φ(6) berechnen, dann schaut man also welche Zahlen zu 6 teilerfremd sind. Diese sind 1 und 5, also ist φ(6) = 2. Die zu 13 teilerfremden Zahlen 1, 2, 3, 4, 5, 6, 7, 8, 9, 10, 11, 12. Somit ist φ(13) = 12, was den Werten der Tabelle entspricht (BEUTELSBA-CHER 2009[9]: 101f). Nun benötigen wir für die Folgerungen aus dem Satz von Euler und später dem RSA-Algorithmus Aussagen der Phi-Funktion über Primzahlen. Folgende allgemeine Aussagen ergeben sich aus den Eigenschaften der φ-Funktion:

1. *Wenn* p *eine Primzahl ist, so gilt*

$$\varphi(p) = p{-}1.$$

Da p *eine Primzahl ist, ist jede der* p–1 *Zahlen* 1, 2, 3, ..., p–1 *teilerfremd zu* p.

2. *Wenn* p *und* q *zwei verschiedene Primzahlen sind, so gilt*

$$\varphi(pq) = (p{-}1)(q{-}1).$$

Abbildung 5: Aussagen über φ-Funktion von Primzahlen (BEUTELSPACHER 2009[9]: 101)

Ich möchte für diese beiden Aussagen eine kurze Beweisskizze geben:

Beweisskizze: Es gibt insgesamt pq-1 natürliche Zahlen, die kleiner als pq sind. Anstatt die zu ≤pq teilerfremden Zahlen zu bestimmen, zählen wir die Zahlen ≤pq, welche nicht teilerfremd sind. Diese sind:

    i.   Die q-1 Vielfachen von p = {p, 2p, 3p, ... , (q-1)p}   und

    ii.   Die p-1 Vielfachen von q = {q, 2q, 3q, ... , (p-1)q}

→ Dies sind alle zu pq teilerfremden Zahlen $z \le pq$

→ $\varphi(pq) = pq-1-(q-1)-(p-1) = pq-q+p+1 = (p-1)*(q-1)$ q.e.d.

Damit haben wir alle wichtigen Eigenschaften der Euler'schen φ-Funktion abgearbeitet und können uns nun dem Satz von Euler und seinen Folgerungen widmen (BEUTELSPACHER 2009[9]: 101ff).

3.2.2 Der Satz von Euler und seine Folgerungen

Leonard Euler war ein Schweizer Mathematiker, der vor Allem wegen seiner bedeutsamen Beiträge zur Analysis und zur Zahlentheorie zu einem der größten Mathematiker der Geschichte gehört. Im Folgenden wird der Satz von Euler und seine Folgerung besprochen und zur Erklärung mit einigen Beispielen versehen. Außerdem soll ein Beweis der Folgerung durchgeführt werden, da diese für den RSA- Algorithmus von enormer Bedeutung ist.

Satz von Euler: *Seien* m *und* n *zwei teilerfremde natürliche Zahlen. Dann gilt:*

$$m^{\varphi(n)} \bmod n = 1.$$

Das heißt: Wenn man $m^{\varphi(n)}$ *durch* n *dividiert, erhält man den Rest* 1.
Insbesondere gilt dann für jede natürliche Zahl k

$$m^{1+k\varphi(n)} \bmod n = m \cdot m^{k\varphi(n)} \bmod n = m \cdot 1 = m.$$

Abbildung 6: Satz von Euler (BEUTELSPACHER 2009[9]: 103).

Eine weitere Darstellung wäre für $a*x = c \bmod (b)$: $x = c*a^{\varphi(b)-1} \bmod (b)$.

Die zweite Aussage des Satzes wird wichtig, wenn wir davon ausgehen, dass n das Produkt zweier Primzahlen p und q ist. Daraus ergibt sich auch, die für den RSA- Algorithmus so wichtige Folgerung aus dem Satz von Euler:

Seien p und q Primzahlen, $p \ne q, n = p*q$ und sei $m \in \mathbb{N}$, $m \le pq$. Dann gilt für jedes $k \in \mathbb{N}$:

$$m^{k*(p-1)*(q-1)+1} \bmod (p*q) = m$$

Zunächst möchte ich diese Aussage, welche auch der kleine Satz von Fermat genannt wird, beweisen (BEUTELSPACHER 2009[9]: 103).

Beweis:

Voraussetzung: n ist eine Primzahl. Setzen $h = k*(p-1)*(q-1)+1$. Somit ist zu zeigen, dass $m^h \bmod (n) = m$ bzw. $(m^h-m) \bmod (n) = 0$ gilt. Beweisen dies in drei Schritten:

(i) Schritt p: Es gilt $(m^h-m) \bmod (p) = 0$. Wende nun den kleinen Satz von Fermat an. Voraussetzung hierbei ist, dass m und p teilerfremd sind, dies ist aber im Allgemeinen nicht korrekt, da gilt:

P und m nicht teilerfremd

$\leftrightarrow$ p teilt jede Potenz von m

$\leftrightarrow$ p teilt m^h

$\leftrightarrow$ p teilt (m^h-m)

$\leftrightarrow (m^h-m) \bmod (p) = 0$

$\rightarrow$ Behauptung: o.B.d.A. m und p sind teilerfremd. Dann folgt mit dem kleinen Satz von Fermat $m^{\varphi(p)} \bmod (p) = 1$. Da $\varphi(p) = p-1$ gilt, ergibt sich daraus:

$m^h \bmod (p) = m^{1+k*\varphi(n)} \bmod (p) = m* m^{k*\varphi(n)} \bmod (p) = m* m^{k*(p-1)*(q-1)} \bmod (p)$

$= m* (m^{p-1})^{k*(q-1)} \bmod (p) = m*1^{k*(q-1)} \bmod (p) = m \bmod (p)$.

$\rightarrow$ Die Behauptung von Schritt p gilt

(ii) Schritt q: Zu zeigen: $(m^h-m) \bmod (q) = 0$ $\rightarrow$ analog zu Schritt p

(iii) Schritt n: Es gilt: $m^h \bmod (n) = m$

$\rightarrow$ Nach den Schritten p und q gilt:

P teilt (m^h-m) und q teilt (m^h-m)

$\rightarrow$ p und q sind Primzahlen und teilen dieselbe Zahl $(m^h-m) = z$, da $p \neq q$

$\rightarrow$ pq teilt z

$\leftrightarrow (m^h-m) \bmod (pq) = 0$ bzw. $m^n \bmod (n) = m$. Das ist die Aussage des Satzes.

q.e.d.

Nun haben wir die Folgerung explizit bewiesen. Nun sollen aber ein paar Beispiele folgen, um die ganzen Formeln verständlich werden zu lassen.

(i) $5^{\varphi(6)} \bmod (6) = 5^2 \bmod (6) = 25 \bmod (6) = 1$

(ii) $3^{1+2*\varphi(5)} \bmod(5) = 3^9 \bmod (5) = 19683 \bmod (5) = 3$

(iii) Sei $p = 3$ und $q = 7$ zwei Primzahlen und $m = 2$ und $k = 1$:

$m^{(3-1)*(7-1)+1} \bmod (3*7) = 2^{13} \bmod (21) = 8192 \bmod (21) = 2$

An diesen Beispielen sieht man schön, dass die Aussagen vom Satz von Euler, sowie dessen unmittelbare Folgerung stimmen zu scheinen (BEUTELSBACHER 2009[9]: 103ff). Nun fehlt uns noch der Euklidische Algorithmus und dessen Erweiterung, um lineare diophantische Gleichungen lösen zu können und mit beiden dann den RSA- Algorithmus vollständig lösen zu können.

3.3 Erweiterter Euklidischer Algorithmus

Im euklidischen Algorithmus geht darum, den größten gemeinsamen Teiler (ggT) von zwei Zahlen zu berechnen. Seine Erweiterung liegt in der Vielfachsummendarstellung, welche in Punkt 3.3.1 betrachtet werden soll. Doch wie kann man nun den ggT zweier Zahlen einfach berechnen? Formal lautet die Definition, welche stark algebraisch gehalten ist, wie folgt:

Input: $f, g \in R$, wobei (R, d) ein euklidischer Ring ist.

Output: Ein größter gemeinsamer Teiler h von f und g sowie $a, b \in R$ mit $af + bg = h$.

Initialisierung: $f_0 = f$, $f_1 = g$, $s = 1$. Beachte: $f_s \neq 0$.

Schritt 1: Berechne q_s, f_{s+1} mit $f_{s-1} = q_s f_s + f_{s+1}$ und $d(f_{s+1}) < d(f_s)$ bzw. $f_{s+1} = 0$.

Schritt 2: Ist $f_{s+1} \neq 0$, dann s um eins erhöhen und zu Schritt 1 zurückkehren.

Schritt 3: Jetzt ist $f_{s+1} = 0$ erreicht. Setze $h = f_s$.

Abbildung 7: euklidischer Algorithmus (KING 2016: 156)

Was zunächst ziemlich kompliziert aussieht ist eigentlich nicht schwer. Diese Definition ist so gehalten, dass sie auch für Abbildungen gilt, welche in einem euklidischen Ring und somit im Integritätsbereich liegen. Für die Zwecke des RSA- Verfahrens reicht allerdings eine einfachere Definition, welche für nichtnegative ganze Zahlen anwendbar ist:

Seien a und b nichtnegative ganze Zahlen. Man bestimmt natürliche Zahlen q und r mit

$$a = bq + r \text{ und } 0 \leq r \leq b-1.$$

Dann ist $ggT(a, b) = ggT(b, r)$.
Anschließend wendet man das Verfahren auf b und r an. Dies führt man so lange fort, bis man den ggT direkt bestimmen kann.

Abbildung 8: euklidischer Algorithmus für nichtnegative Zahlen (BEUTELSPACHER 2009[9]: 106)

Nun sieht die Definition schon wesentlich einfacher aus und wenn man sich ein Beispiel anschaut, dann wird deutlich, wie das Verfahren arbeitet.

Wir wollen den ggT der Zahlen von $a = 792$ und $b = 75$ bestimmen. Es ist ziemlich schwer zu sehen, welche Zahl dabei herauskommt und man kann das für beliebig große nichtnegative Zahlen durchführen:

1. Stelle 792 durch 75 dar: $792 = 10*75 + 42$
2. Nehme die ganze Zahl und stelle sie durch den Rest zuvor dar: $75 = 1*42 + 33$
3. Schritt 2 wiederholen, bis kein Rest mehr da ist:

    $42 = 1*33 + 9$

    $33 = 3*9 + 6$

    $9 = 1*6 + 3$

    $6 = 2*3 + 0$

Somit ist 3 der ggT (792, 75) (der ggT von 792 und 75). Nun wollen wir den euklidischen Algorithmus „rückwärts auffädeln", um den ggT durch eine sogenannte Vielfachsummendarstellung aufzuschreiben (BEUTELSPACHER 2009[9]: 106f).

3.3.1 Satz von der Vielfachsummendarstellung

Sei h der ggT (a,b), wobei a und b nichtnegative ganze Zahlen sind. Dann gibt es ganze Zahlen x und y mit der Eigenschaft, dass h = xa + yb ist. Eine solche Darstellung nennt man Vielfachsummendarstellung des größten gemeinsamen Teilers. Man berechne dazu, wie vorher schon gesehen den ggT von zwei nichtnegativen ganzen Zahlen a und b. Dieses Verfahren soll an einem Beispiel erklärt werden, da eine komplizierte Formel hier nicht angebracht wäre. Wir berechnen zunächst den ggT (71,15), dies ergibt 1, die beiden Zahlen sind also teilerfremd. Wenn man das im euklidischen Algorithmus darstellt bekommt man:

$71 = 4*15 + 11$ (****)

$15 = 1*11 + 4$ (***)

$11 = 2*4 + 3$ (**)

$4 = 1*3 + 1$ (*)

$1 = 1*1 + 0$

Möchte man dies jetzt rückwärts aufwickeln geht es nicht darum alles wieder zusammenzufassen, sondern man möchte die ganzen Zahlen x und y berechnen, so dass xa + yb = h gilt. $1 = 4 - 1*3$, dies ergibt sich offensichtlich aus (*). Jetzt löst man den Rest von (**) wieder genauso auf und erhält dabei $1 = 4 - 1*(11 - 2*4)$. Dies muss jetzt so zusammengefasst werden, dass der Rest von (***) und die ganze Zahl, nach der in (**) aufgelöst wurde erhalten bleiben. Dies ergibt $(3*4) - (1*11)$. Jetzt wird wieder nach dem Rest von (***) aufgelöst und dann so zusammengefasst, dass der Rest von

(****) erhalten bleibt, sowie die ganze Zahl, nach der in (***) aufgelöst wurde: $3*(15 -1*11) - 1*11 = 3*15 - 4*11$. Dann folgt der letzte Schritt: $3*15 - 4*(71 - 4*15) = 19*15 + (-4)*71$. Dies ist die Vielfachsummendarstellung vom ggT(71,15) mit $x = 19$ und $y = -4$.

Das Verfahren der Vielfachsummendarstellung und des erweiterten euklidischen Algorithmus nennt man zusammen erweiterter euklidischer Algorithmus (BEUTELSPACHER 2009[9]: 106).

3.3.2 Satz von modularen Inversen

Im Beispiel zuvor war der ggT (a=71, n=15) = 1 und somit können wir sagen, dass diese beiden Zahlen teilerfremd sind. Wenn dies so ist, dann gibt es, nach dem Satz von modularen Inversen, eine ganze Zahl b mit der Eigenschaft: a*b mod (n) = 1. Das bedeutet also, dass a*b geteilt durch n den Rest eins hat, anders gesagt: a ist modulo n invertierbar (BEUTELSBACHER 2009[9]: 106f). Wenn wir wissen, dass a und b teilerfremd sind und die modulare Inverse berechnen wollen, müssen wir zunächst den euklidischen Algorithmus durchführen und dessen Vielfachsummendarstellung ermitteln. Aus dem vorhergehenden Beispiel ergab sich: $1 = 19*15 + (-4)*71$. Das modulare Inverse von a mod (n) ist dann $x = 19$, da gilt: $19*15$ mod $(71) = (1 + 4*71)$ mod $(71) = 1$. Also wenn $1 = xa + yn$, dann ist x die modulare Inverse von a bezüglich modulo n (BEUTELSPACHER 2009[9]: 106f).

Nun fehlt noch der letzte Teil der zahlentheoretischen Grundlagen, nämlich das lösen einer linearen diophantischen Gleichung.

3.4 Lösen einer linearen diophantischen Gleichung

Eine lineare diophantische Gleichung, benannt nach dem griechischen Mathematiker Diophantos von Alexandria (ca. 250 n.Chr.), ist eine Gleichung der Form:

$a_1x_1 + a_2x_2 + \ldots + a_nx_n + c = 0$ mit a_i und $c \in \mathbb{Z}$, $i = \{1, \ldots, n\}$.

Insgesamt bedeutet das, dass man sich ausschließlich für die ganzzahligen Lösungen einer solchen Gleichung interessiert. $ax + by = c$, mit a, b, $c \in \mathbb{Z}$ hat genau dann ganzzahlige Lösung in x, y, wenn c durch ggT (a,b) teilbar ist. Man kann diese Gleichungssysteme mit dem Satz von Euler berechnen, bzw. schauen, ob es für eine solche Gleichung überhaupt eine Lösung gibt. Mit dem euklidischen Algorithmus lassen sich dann weiter partikulare Lösungen explizit berechnen. Zunächst möchte ich zwei lineare diophantische Gleichungen als direkte Folgerung aus dem Satz von Euler lösen, ehe ich ein weiteres

Beispiel zur Berechnung betrachte und auch den euklidischen Algorithmus anwende, um weitere Lösungen zu berechnen.

1. Beispiel: Löse die Gleichung $3x - 7y = 5$. Betrachte nun $3x = 5 \bmod (7)$. Mit dem Satz von Euler folgt dann $x = 5*3^{\varphi(7)-1} \bmod (7) = 5*3^5 \bmod (7) = 1215 \bmod (7) = 4$. Setzt man das jetzt in die Ausgangsgleichung ein bekommt man: $3*4 - 7y = 5$ und daraus folgt $y = 1$. Wir wussten vorher schon, dass es lösbar ist, da $ggT(3,7) = 1$ und 1 die Zahl 5 teilt.

2. Beispiel: man erhält alle expliziten Lösungen mit $x = ca^{\varphi(b)-1} + t*b$ und $y = c*((1-a^{\varphi(b)})/b)-ta$, $t \in \mathbb{Z}$. Berechne die partikularen Lösungen von $6x + 10y = 100$. Der $ggT(6,10) = 2$. Dann teile ich die Ausgangsgleichung durch den ggT und das ergibt $3x + 5y = 50$. Wir haben also $a = 3$, $b = 5$ und $c = 50$ mit $\varphi(5) = 4$. Setze dann die Werte in die Gleichungen von x und y ein und erhalte somit $x = 1350 + 5t$ und $y = -800 -3t$. Stellt man diese Gleichungen um, erhält man für beide t eine ganze Zahl, was der Voraussetzung entspricht.

3. Beispiel: Man nehme dieselbe Gleichung, wie bei 2: $6x + 10y = 100$. Stelle danach die Zahl 10 durch die Zahl 6 dar und führe das, wie im Abschnitt zum euklidischen Algorithmus fort. Daraus ergibt sich der ggT von 2. Erzeuge dann die Vielfachsummendarstellung, diese ergibt: $2 = 2*6 + (-1)*10$. Multipliziere die linke Seite der Ausgangsgleichung mit $c/ggT(a,b) = 100/2 = 50$: Somit erhält man: $100 = 100*6 + (-50)*10$. Damit ergeben sich die Partikularlösungen $(x,y) = (100, -50)$. Und tatsächlich! Setzt man diese Werte in die Ausgangsgleichung ein, so erhält man eine wahre Aussage. Da der euklidische Algorithmus und solche diophantischen Gleichungen von einem Computer leicht berechnet werden können und auch schnell festgestellt werden kann, ob der $ggT(a,b) = 1$ ist, werden diese mathematischen Rechnungen als Grundlage für Ver- und Entschlüsselungsverfahren verwendet. Die bedeutendste Anwendung hierbei ist der RSA-Algorithmus, auf dessen Schlüsselerzeugung ich jetzt noch eingehen werde (BEUTELSPACHER 2009[9]: 106ff).

5. RSA- Algorithmus

5.1 Erzeugung des öffentlichen und privaten Schlüssels

Nun haben wir alle Grundlagen erarbeitet und können auf die Schlüsselerzeugung des RSA- Algorithmus eingehen. Der öffentliche Schlüssel ist hierbei das Zahlenpaar (e,n) und der private oder geheime Schlüssel ist das Zahlenpaar (d,n). Wie man sofort bemerkt ist das N in beiden Schlüsseln vorhanden. Ob das ein Sicherheitsrisiko darstellt wird später noch betrachtet werden. n bezeichnet hierbei den RSA- Modul, e ist der Verschlüsselungsexponent und d der Entschlüsselungsexponent. Nun wollen wir näher auf das eigentliche Verfahren eingehen.

> Man wählt zwei verschiedene große Primzahlen p und q.
> Man berechnet das Produkt n = pq.
> Man berechnet $\varphi(n) = (p-1)(q-1)$.
> Man wählt eine Zahl e, die teilerfremd zu $\varphi(n)$ ist und berechnet d, so dass gilt
> $$ed \bmod \varphi(n) = 1.$$
> *Privater Schlüssel:* d (zusammen mit n).
> *Öffentlicher Schlüssel:* e, n
> Geheime Parameter bei der Schlüsselerzeugung: p, q, $\varphi(n)$.

Abbildung 9: Schlüsselerzeugung im RSA Algorithmus (BEUTELSPACHER 2009[9]: 108)

Wichtig bei diesem Algorithmus ist, dass die Primzahlen p und q nicht zu nah aneinander, aber auch nicht zu weit voneinander entfernt liegen. Dafür gibt es eine Abschätzung für die Zahlen, diese lautet: $0,1 < |\log_2 p - \log_2 q| < 30$. In der Praxis werden allerdings solange Zahlen, der gewünschten Länge, erzeugt, bis man mittels einem Primzahltest zwei Primzahlen gefunden hat, welch die gewünschten Anforderungen erfüllen. Danach folgen die beiden anderen Schritte ganz analog und ohne jede Einschränkung. Im vierten Schritt muss man wieder aufpassen, denn für die teilerfremde Zahl e zu $\varphi(n)$ soll gelten:

$$1 < e < \varphi(n)$$

Die zu berechnende Zahl d bezeichnet man auch als multiplikatives Inverses von e bezüglich $\varphi(n)$ und kann diese ebenfalls mit der Gleichung $e*d + k*\varphi(n) = 1 = ggT(e,\varphi(n))$ bestimmen. Nach dem Verfahren werden die Zahlen p, q und $\varphi(n)$ gelöscht, sie sind jedoch leicht aus e, d und n rekonstruierbar. Da d einem Angreifer nicht bekannt ist dürfte es hier ja eigentlich keine Angriffsmöglichkeiten geben, oder doch?! Damit beschäftigen wir uns nachdem wir ein Beispiel zu Berechnung, sowie die Ver- und Entschlüsselung von Nachrichten näher angeschaut haben. Zum Beispiel:

Sei p = 13 und q = 11. Berechne nun n = p*q = 11*13 = 143

14

Da das Produkt zweier Primzahlen wieder eine Primzahl ist ergibt sich für φ(n):

$$\varphi(n) = \varphi(143) = (p-1)*(q-1) = 10*12 = 120$$

Wähle nun beliebige, zu n teilerfremde Zahl e aus. Wir wählen jetzt e = 23. Um dies zu überprüfen könnte man nachschauen ob der ggT(23,120) = 1 ist und ja dies ist der Fall.

Nun berechnen wir das modulare Inverse von e bezüglich φ(n) mit der zweiten angegebenen Gleichung:

$$e*d +k*\varphi(n) = 1 = \text{ggT}(e,\varphi(n))$$

$$= 23*d +k*120 = 1 = \text{ggT}(23,120)$$

Dann folgt mit Hilfe des erweiterten euklidischen Algorithmus, der die diophantische Gleichung löst: d =47 und k = -9

Somit bilden die Zahlen d = 47 und n = 143 den privaten Schlüssel und e = 23 und n = 143 den öffentlichen Schlüssel, während k nicht weiter benötigt wird (BEUTELSBACHER 2009[9]: 108f & WIKIPEDIA 2019: o.S).

5.2 Verschlüsselung von Nachrichten

Da wir jetzt wissen, wie das verfahren des RSA- Algorithmus genau abläuft und wie es mit den vorgestellten mathematischen Grundlagen arbeitet, können wir nun Nachrichten verschlüsseln und anschließend auch wieder entschlüsseln. Für die Verschlüsselung gibt es wieder eine explizite Formel, diese lautet:

$$m^e \bmod (n) = c, \ m{<}n$$

Ein Beispiel hierfür mit den vorher gegebenen Werten n, e und m = 7 wäre:

$$m^e \bmod (n) = c = 7^{23} \bmod (143) = 2$$

Das Chiffrat ist also c = 2 (WIKIPEDIA 2019: o.S).

5.3 Entschlüsselung von Nachrichten

Die Nachricht m kann mittels der Formel $m = c^d \bmod (n)$ berechnet werden. Hierbei benötigt man also nur die öffentliche Zahl n und die geheime Zahl d, sowie das Chiffrat c. Für das gleiche Beispiel ergibt sich hiermit:

$$2^{47} \bmod (142) = 7 = m$$

Wenn man dies mit der Verschlüsselungsfunktion vergleicht, dann sieht man, dass der Wert von m gleich ist. Somit wissen wir, dass korrekt entschlüsselt wurde. In der Realität kommt hierbei ein sinnvoller Text heraus (WIKIPEDIA 2019: o.S).

6. Die Stärke des RSA- Algorithmus

Zuletzt wollen wir noch schauen, ob der RSA- Algorithmus allgemein anwendbar und sicher ist.

6.1 Sicherheit des RSA- Algorithmus

Um die Sicherheit des Verfahrens beurteilen zu können sollte man sich zwei zentrale Fragen stellen: Kann man mit der Kenntnis des öffentlichen Schlüssels den geheimen erzeugen? und kann man dechiffrieren, ohne den geheimen Schlüssel explizit zu kennen? Arbeiten wir uns mal stetig voran: Jedermann kennt den öffentlichen Schlüssel und somit e und n. Der Angreifer weiß somit, dass er die e-te Modulare Wurzel aus dem Geheimtext berechnen muss. Damit hätte der Angreifer dann d und müsste den Geheimtext nur noch mit d potenzieren. Wenn der Angreifer hierzu φ (n) kennen würde, wäre das, mit Hilfe des euklidischen Algorithmus, kein Problem d zu berechnen. Das Problem besteht also darin φ (n) zu berechnen. Dafür müsste der Angreifer n in seine Primfaktoren p und q zerlegen können, da φ (n) = (p-1)*(q-1) und n = p*q ist. Das bedeutet, dass der Angreifer entweder φ (n) berechnen oder n faktorisieren müsste. Bei Zahlen, wie 72, 123 oder 221 geht das noch relativ einfach, doch bei größeren Zahlen, wie 8633 ist dies schon ein Problem. Wenn man dann beachtet, dass das n beim RSA- Verfahren ca. 200 Dezimalstellen besitzt, dann wäre das schon ein enormer rechnerischer Aufwand. Man müsste bei allen Primzahlen probieren, von 2 bis √n, ob sich n durch diese beiden darstellen lässt. Dieses Verfahren ist jedoch sehr ineffizient. Überlege man sich, dass dies bei 200 Dezimalstellen 10^{97} Primzahlen wären, das sind mehr als die Anzahl der Atome im Universum, versteht man weshalb dies ein Problem darstellt. Anders gesagt, es ist wahrscheinlich unmöglich! Es wurde jedoch versucht einige andere Algorithmen zu entwickeln, jedoch konnte keiner das Problem lösen. Es gibt nicht mal einen Beweis dafür, dass so ein Algorithmus überhaupt existiert. Bisher wurden nur 512 Bit lange RSA-Zahlen faktorisiert, jedoch verwendet man mindestens 1024 Bit, meist sogar 2048 Bit, lange RSA- Zahlen. Somit ist eine Entschlüsselung mit Hilfe des öffentlichen Schlüssels und mit anderen Methoden bisher nicht auffindbar. Der RSA- Algorithmus gilt somit als sicher BEUTELSPACHER 2009[9]: 112ff).

6.3 Anwendbarkeit des RSA- Algorithmus

Die Frage, die sich nun stellt ist, warum der RSA- Algorithmus so selten angewendet wird? Die Antwort ist, dass man erst seit wenigen Jahre überhaupt in der Lage ist RSA vernünftig zu verwenden. Heutzutage gibt es Softwareversionen, die für die elektronische Unterschrift verwendet werden. Seit einigen Jahren gibt es RSA-Chips und Chipkarten, die auch im Handel erhältlich sind. Diese können den RSA- Algorithmus in wenigen Millisekunden ausführen. Dies ist jedoch, für die heutige kommerzielle Nutzung, noch viel zu langsam. Man kann somit sagen, dass RSA noch lange nicht ausgereift und somit erstmal nicht bzw. vielleicht auch nie, für Verschlüsselungszwecke im großen Stil eingesetzt werden wird. Nur das Schlüsselmanagement bzw. die elektronische Unterschrift wird teilweise mit RSA durchgeführt. Hierbei ist aber zu sagen, dass durch die sogenannte Hash-Funktion eine derartige Komprimierung stattfindet, sodass dies schnell ablaufen kann (BEUTELSPACHER 2009[9]: 113f).

7. Literatur

BEUTELSPACHER, A. (2009[9]): Kryptologie. Eine Einführung in die Wissenschaft von Verschlüsseln, Verbergen und Verheimlichen: Vieweg & Teubner GWV Fachverlage GmbH. Wiesbaden

BUNDESAMT FÜR SICHERHEIT IN DER INFORMATIONSTECHNIK (2019): <https://www.bsi.bund.de/DE/Themen/Cyber-Sicherheit/Aktivitaeten/TrustedCompu-ting/TrustedPlatformModuleTPM/TrustedPlatformModuleTPM/kryptographmassnah-men.html>

KING, S. (2016): Lineare Algebra und analytische Geometrie 1+2. Vorlesung: Jena

STELLET, J. (2006): Lineare diophantische Gleichungen. Facharbeit: ohne Ort

VÖDING, B.; H. ALT; M. DIETZFELDINGER; R. REISCHUK; C. SCHEIDELER; H. VOLLMER; D. WAGNER (2018): Taschenbuch der Algorithmen: Springer Verlag. Berlin Heidelberg

WIKIPEDIA (2019): <https://de.wikipedia.org/wiki/RSA-Kryptosystem#Erzeu-gung_des_%C3%B6ffentlichen_und_privaten_Schl%C3%BCssels>

BEI GRIN MACHT SICH IHR WISSEN BEZAHLT

- Wir veröffentlichen Ihre Hausarbeit,
  Bachelor- und Masterarbeit

- Ihr eigenes eBook und Buch -
  weltweit in allen wichtigen Shops

- Verdienen Sie an jedem Verkauf

Jetzt bei www.GRIN.com hochladen
und kostenlos publizieren